SUR

LA POLARISATION DES ÉLECTRODES

DANS L'INTÉRIEUR DE LA PILE

PAR M. MORISOT,

MAÎTRE DE CONFÉRENCES DE PHYSIQUE A LA FACULTÉ DES SCIENCES.

CHAPITRE Ier

1. Depuis longtemps on sait que l'intensité du courant d'une pile s'affaiblit plus ou moins rapidement. Cet effet a été généralement attribué à l'action des corps qui se forment par l'action même du courant, ces corps s'accumulant sur les lames qui servent d'électrodes, ou dans leur épaisseur, soit dans la pile elle-même, soit dans une cuve dont le liquide est traversé et électrolysé par le courant. C'est ce dernier cas qui a été surtout étudié, particulièrement par M. Bouty (1).

Je me suis au contraire exclusivement occupé de la polarisation des lames servant d'électrodes dans la pile elle-même.

Après avoir observé les phénomènes, et mesuré les valeurs décroissantes de l'intensité, j'ai cherché, soit pour des piles sans dépolarisant, soit pour des piles avec dépolarisant, des hypothèses et des relations permettant de représenter mathématiquement la marche observée pour les intensités. J'ai comparé les résultats calculés avec les valeurs observées. Je me suis ainsi trouvé conduit à rejeter certaines hypothèses et leurs conséquences, conservant seulement celles dont les conséquences concordaient suffisamment avec l'expérience.

Dans le présent travail je veux rendre compte des obser-

(1) *Journal de physique*, 2e série, t. I, p. 346. — *Cours de physique de MM. Jamin et Bouty*, p. 213 et suivantes de l'édition de 1883.

vations et des considérations relatives aux cas particuliers que j'ai étudiés; je me propose de rechercher plus tard dans quelle mesure les résultats obtenus peuvent être généralisés, et comment ils devront être modifiés dans des cas différents.

2. Les piles que j'ai étudiées avaient toujours comme pôle négatif une lame de zinc amalgamé large de 2 centimètres, longue d'environ 16 centimètres, et comme pôle positif une lame de graphite artificiel du commerce. Je me suis borné à l'étude de piles composées d'un seul élément, de force électromotrice variant de $0^{volt},5$ environ à 2 volts environ (au début).

3. *Méthodes d'observation et appareils.* — Pour altérer le moins possible le régime du courant pendant la durée des expériences, j'ai rejeté l'emploi d'appareils qu'il eût fallu substituer les uns aux autres pour la mesure distincte des intensités et des forces électromotrices ou des résistances. J'ai préféré ne mesurer jamais que des intensités, en choisissant un galvanomètre à la fois sensible et rapide.

Chaque observation comprenait deux lectures. La première correspondait à une résistance connue R, interposée dans le circuit pendant le régime normal et pendant cette première lecture. Dans les expériences relatives aux piles sans dépolarisant, j'ai adopté pour R la valeur de 5 ohms. Dans les expériences relatives aux piles avec dépolarisant, j'ai adopté $R = 3$ ohms. Cette première lecture donnait une indication correspondante à une intensité i_R, laquelle, en vertu de la loi d'Ohm, peut être représentée par

$$i_R = \frac{E}{R + r}, \tag{1}$$

E désignant la force électromotrice à l'instant de cette lecture, r la résistance intérieure de la pile au même instant, additionnée à la résistance très petite des parties invariables du courant.

La deuxième lecture se rapportait à une résistance auxiliaire R' qui a toujours été égale à $R + 2$. Elle donnait une indication correspondante à une intensité $i_{R'}$ pour laquelle on a

$$(2) \qquad i_{R'} = \frac{E}{R' + r}.$$

Chaque lecture durant au plus 7 secondes, peut-être aurais-je pu considérer, pendant ce court intervalle, E et r comme constants, et traiter comme contemporaines les deux lectures. J'ai préféré recourir au procédé suivant :

Sur une même feuille de papier quadrillé, je traçais, pour chaque série d'observations, la courbe représentant les intensités i_R à l'aide des points correspondant aux intensités i_0, i_τ, $i_{2\tau}$, $i_{3\tau}$..., les temps étant comptés sur la ligne des abscisses et les intensités servant d'ordonnées. J'y traçais ensuite la courbe des $i_{R'}$, à l'aide des points correspondant aux temps $0^m + 7^s$, $\tau^m + 7^s$, $2\tau^m + 7^s$ ..., etc.

Cette dernière courbe me donnait très approximativement les valeurs $i_{R'}$ qu'on aurait lues si on avait pu les lire en même temps que les valeurs i_R, et qui auraient correspondu aux valeurs de E et de ρ à l'époque précise des lectures i_R. Je pouvais alors, à l'aide des valeurs i_R et $i_{R'}$ simultanées, déduire des équations (1) et (2) les valeurs suivantes :

$$(3) \qquad E = \frac{(R' - R)\, i_R\, i_{R'}}{i_R - i_{R'}},$$

$$(4) \qquad \rho = \frac{R' i_{R'} - R i_R}{i_R - i_{R'}}.$$

On sait que l'intensité est proportionnelle à la déviation δ ou à sa tangente tant que cette déviation est petite. Comme elle n'a jamais, dans nos expériences, dépassé 3°, on peut admettre

$$\begin{cases} i = \omega\delta, \\ i' = \omega\delta', \end{cases}$$

ω étant un facteur correctif. On peut donc écrire

$$(5) \qquad E = \frac{(R' - R)\delta\delta'\omega}{\delta - \delta'},$$

$$(6) \qquad \rho = \frac{R'\delta' - R\delta}{\delta - \delta'}.$$

Ainsi, dans l'expression de la résistance, on peut, sans correction, remplacer les intensités par les déviations lues (ou leurs tangentes); mais l'expression de la force électromotrice en volts, et celle des intensités en ampères, exigent l'emploi du facteur correctif ω. Nous verrons plus loin comment on peut facilement le déterminer. Du reste, dans la plupart des cas, n'ayant à comparer que des intensités i_R, l'emploi de ce facteur n'a pas été nécessaire.

4. *Mesure des intensités.* — J'ai choisi, pour ces mesures, le galvanomètre Deprez-d'Arsonval, remarquable par sa sensibilité et d'une apériodicité telle que le temps nécessaire à chaque lecture, en y comprenant l'établissement des conditions voulues et l'inscription de la valeur observée, ne dépassait pas 7 secondes.

On sait que ce galvanomètre se compose essentiellement d'un multiplicateur rectangulaire très léger, formant cadre allongé dans le sens vertical, et pouvant osciller autour d'un fil tendu verticalement. Ce fil sert à la fois : 1° d'axe de rotation; 2° de conducteur pour l'entrée et la sortie du courant; 3° de support à un petit miroir très léger, dont le rayon de courbure est d'un mètre.

Le cadre est placé entre les deux pôles d'un fort aimant en fer à cheval, fixe, dressés verticalement et créant un champ magnétique énergique et invariable. D'autre part, il peut osciller en entourant toujours un cylindre de fer doux fixe dont l'axe est précisément le prolongement du fil de suspension.

A un mètre en avant du miroir est disposée une règle blanche présentant, dans son plan vertical, une graduation en millimètres. Le zéro de cette graduation est placé au milieu de la règle, juste au-dessus d'un fil métallique tendu verticalement au milieu d'une fenêtre rectangulaire. Derrière cette fenêtre brille la flamme d'une lampe ou d'un bec de gaz à cheminée de verre; un diaphragme épais, percé d'une fenêtre correspondante à la première, garantit la règle contre l'échauffement et les déformations qu'il produirait. On reconnaît, dans ces dispositions, la méthode dite *du miroir* de Poggendorff.

Quand aucun courant ne traverse le cadre, le faisceau lumineux qui émane de la flamme et traverse la fenêtre rectangulaire vient se réfléchir sur le miroir, et va peindre sur la raie du zéro de la règle l'image noire du fil-repère se détachant sur l'image brillante de la fenêtre.

Aussitôt que le courant est lancé dans le cadre multiplicateur, l'image noire se déplace d'un côté ou de l'autre, selon le sens du courant. Son déplacement mesure la tangente de l'angle 2δ; δ étant égal à la déviation du miroir, δ est toujours très petit; on peut donc admettre que $\text{tang}\ \delta = \frac{1}{2}\ \text{tang}\ 2\delta$. De telle façon, si le déplacement observé a été de $0^m,010$, $0^m,015$, $0^m,020$, etc., on aura pour $\text{tg}\ \delta$, qui est proportionnel à l'intensité dans ce galvanomètre, une valeur égale à la moitié, c'est-à-dire $0^m,005$ ou $0^m,0075$ ou $0^m,010$, etc.

A l'aide d'une lentille de $0^m,25$ de distance focale, employée comme loupe, on peut, sans s'approcher trop, lire la division de la règle le plus près de laquelle s'arrête presque instantanément l'image noire; l'approximation est au moins d'un dixième de millimètre.

5. *Mise au zéro.* — Il est indispensable, préalablement à toute lecture, et avant de faire agir le courant, de s'assurer que l'image est bien au zéro. Une fois l'appareil bien installé et bien réglé, elle s'en trouve ordinairement écartée de 3 millimètres au plus; dans ce cas, il suffit, sans toucher au galvanomètre, de faire glisser légèrement la règle dans son plan vertical jusqu'à coïncidence de l'image noire et de la ligne du zéro.

Pour bien installer l'appareil, j'avais tout d'abord placé le galvanomètre sur une console en pierre scellée dans le mur du laboratoire, les trois pieds du galvanomètre reposant sur trois plaques de caoutchouc. Mais les trépidations du sol, provoquées surtout par le passage des voitures, faisaient osciller l'image et finissaient par produire des déplacements sensibles. J'ai supprimé totalement cet inconvénient en plaçant le galvanomètre et les trois plaques de caoutchouc qui supportent ses pieds dans une boîte pleine de sciure de bois. La boîte elle-même repose sur un support à vis calantes qui permettent, sans rien déplacer, d'abaisser ou de relever l'image s'il y a lieu.

Avec ces précautions, j'ai souvent, après plusieurs mois d'interruption, retrouvé l'image sur le zéro ou tout près, et je n'ai plus vu l'image trembler dans aucun cas.

Le support de la règle est assujetti par une rainure le long du bord de la console, de manière à pouvoir glisser facilement de quelques millimètres parallèlement au plan de la règle, et normalement au faisceau lumineux pris dans sa position d'équilibre.

6. *Retour au zéro.* — Pour compter sur l'exactitude des deux lectures à peu près simultanées, il est indispensable de vérifier qu'après la dernière l'image-repère revient au zéro.

Tant que le déplacement ne dépasse pas les limites de la règle, et surtout tant que la durée du courant ne dépasse pas 15 ou 20 secondes, ce retour au zéro s'effectue exactement; mais si le déplacement a été trop grand et le courant maintenu un quart d'heure ou plus, le fil tendu du galvanomètre conserve, même après la suppression du courant, une torsion résiduelle qui ne disparaît que très tard. On sait alors que les dernières lectures faites doivent être diminuées, selon leur époque, d'une fraction de cette torsion résiduelle. Dans les observations exposées dans ce travail, je n'ai jamais eu à faire cette correction plus ou moins douteuse.

7. *Détermination du facteur* ω. — Pour fixer la valeur de ce facteur, j'ai employé un couple de Daniell composé toujours comme il suit. Dans le même vase poreux, bien nettoyé et lavé chaque fois, on verse une dissolution de sulfate de cuivre aussi pur que possible, dans laquelle on plonge une lame de cuivre contournée de manière à soutenir la réserve de cristaux. Autour de ce vase poreux on met, avec le manchon de zinc, une dissolution de sulfate de zinc de densité 1,16. Le volume de cette dissolution est au moins de 1,500 centimètres cubes, et le zinc ne descend pas jusqu'au fond. Ainsi, à mesure que la formation de nouveau sulfate de zinc rend plus denses certaines portions du liquide, celles-ci descendent et s'accumulent au fond sans toucher le zinc.

Malgré ces conditions de constance, le courant de cette pile n'est pas absolument invariable. Son intensité commence par augmenter très lentement pendant deux heures environ, probablement jusqu'à ce qu'il se soit établi un régime définitif entre les deux liquides qui communiquent par les pores du vase. Enfin se manifeste un maximum qui persiste au moins cinq ou six heures et souvent beaucoup plus. Pendant cette période, on fait plusieurs couples d'observations (i_R $i_{R'}$). On les trouve presque toujours identiques. On peut donc, en portant leurs moyennes dans les formules du § 3, en déduire ω. Pour cela, nous avons admis, comme on le fait généralement, que la force électromotrice maxima du couple Daniell vaut $1^{\text{volt}},09$.

On a

$$\omega = 1,09 \times \frac{\delta - \delta'}{(R' - R)\delta\delta'}.$$

J'ai très souvent refait cette détermination et j'ai trouvé toujours

$$\log \omega = \bar{3},85682, \qquad \omega = 0,007191.$$

8. *Shuntage du galvanomètre.* — Le galvanomètre employé est tellement sensible que, même shunté au millième, c'est-à-dire traversé par la millième partie seulement du courant, il donne un déplacement de l'image qui dépasse de beaucoup les limites de la règle.

Pour ramener ce déplacement en deçà des limites qui permettent de le mesurer et de le considérer comme proportionnel aux intensités, j'ai ajouté au shunt normal une dérivation supplémentaire. Je l'ai obtenue à l'aide d'un mince fil de cuivre isolé par de la soie, de longueur convenablement choisie par tâtonnement. — L'ensemble de ces trois conducteurs se partageant le courant pendant les mesures peut être appelé la *branche* ou le *réseau galvanométrique.*

9. Nous avons vu que le passage du courant, maintenu quelque temps, altère l'élasticité de l'axe tordu. Il y avait donc lieu de restreindre la durée de ce passage au temps nécessaire pour les deux lectures du même groupe (soit 15 secondes environ).

On pouvait craindre aussi que le régime du courant se trouvant modifié pendant les lectures, les intensités observées ne fussent plus ou moins inexactes. En effet, j'ai souvent constaté qu'une résistance plus grande étant interposée, l'intensité, d'abord diminuée, s'élève ensuite pendant cinq ou dix minutes, et réciproquement. Ces effets sont probablement dus à ce que la polarisation diminue quand l'intensité moyenne est plus faible, et inversement.

Pour éviter les incertitudes ou les erreurs provenant de cette cause, j'ai établi, entre les deux extrémités de la branche galvanométrique, un conducteur destiné à la remplacer dans l'intervalle des mesures, c'est-à-dire pendant le régime normal. Ce conducteur, de longueur déterminée par tâtonnement, est tel que, si la branche galvanométrique étant traversée seule par un courant bien constant, on lit un déplacement D, on lise un déplacement $\frac{D}{2}$ environ quand le même courant se partage entre la branche galvanométrique et ce conducteur normal. Celui-ci est alors très sensiblement de même résistance que la branche galvanométrique, et la substitution de l'un à l'autre ne troublera pas le régime du courant.

Pour opérer cette substitution, je n'ai pas eu confiance dans les commutateurs ou inverseurs ordinaires. En effet, j'avais souvent constaté des inégalités causées par la différence de pression ou les altérations des surfaces qu'il est presque impossible de conserver identiques à elles-mêmes. J'ai préféré presser dans des serre-fils à plusieurs trous les bouts des fils, ayant eu soin de terminer ces fils par des parties rigides assez épaisses pour que les vis, sans les mordre ou les déformer, puissent les serrer énergiquement en assurant des contacts toujours également exacts. Le seul inconvénient est qu'il faut un peu plus de temps, à cause de la translation de chaque fil d'un trou à l'autre : encore avons-nous vu que l'opération est bien courte.

10. Les résistances interposées R et R′ étaient fournies par une boîte bien étalonnée de Carpentier.

Voici l'ordre des opérations à effectuer pour chaque couple de lectures :

1° Constater que le galvanomètre, avant le passage du courant, marque zéro ;

2° Remplacer le conducteur ordinaire par la branche galvanométrique et lire le déplacement de l'image ;

3° Retirer la clavette 2, ce qui augmente de 2 ohms la résistance primitive, et lire le nouveau déplacement ;

4° Replacer la clavette 2, ce qui rétablit la résistance de régime ;

5° Remplacer la branche galvanométrique par le conducteur ordinaire, et constater le retour au zéro.

Dans les calculs, les résistances des parties invariables sont comptées avec la résistance intérieure r de la pile, dont elles représentent une fraction très petite, moyennant qu'on ait pris pour ces portions du circuit des fils assez courts et assez gros.

Voici un schéma représentant l'ensemble du circuit :

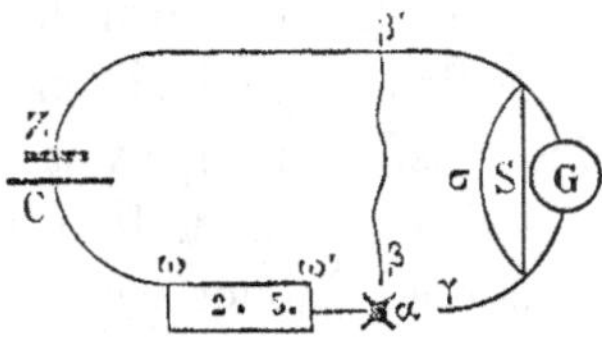

$C\omega$, $\omega'\alpha$, $Z\beta'$, fils invariables.

$\beta\beta'$, conducteur ordinaire.

γ { G, galvanomètre. S, shunt. σ, dérivation supplémentaire. } β', branche galvanométrique.

L'état de régime s'obtient en réunissant β' et α, γ étant ensuite éloigné. — L'état correspondant aux mesures s'obtient en réunissant α et γ et en éloignant seulement alors β.

Ainsi le circuit n'est jamais interrompu. Seulement, pendant un temps très court, β et γ étant en même temps en communication avec α, le courant se partage entre $\beta\beta'$ et $\gamma\beta'$. Il en résulte pendant ce temps une diminution de résistance, mais elle est passagère et certainement sans effet sensible.

CHAPITRE II

Piles sans dépolarisant.

11. Les couples employés dans cette série d'expériences avaient comme pôle négatif une lame de zinc amalgamé avec soin. J'avais cru d'abord utile de plonger l'extrémité inférieure du zinc dans une coupelle de mercure, comme l'a fait M. Bergonié pour la pile de Leclanché. Mais cette disposition, avantageuse pour de longues durées, ne m'a pas semblé procurer d'avantage sensible dans mes expériences de durée relativement courte, et j'y ai renoncé.

Le liquide unique où plongeaient les deux lames a toujours été de l'acide sulfurique, pur autant que possible, étendu de neuf fois son volume d'eau distillée. (Densité de 1,12 environ.)

Pour que la composition du liquide en contact avec les lames variât le moins possible, j'employais un grand volume de liquide, un litre et demi environ. De cette façon, la très petite quantité de sulfate de zinc formée, rendant plus denses les parties voisines du zinc, celles-ci descendaient au fond, et cessaient de toucher le zinc; en effet, celui-ci, comme aussi le charbon, ne plongeait pas jusqu'au fond, s'arrêtant à 5 centimètres environ de ce fond. Du reste, des essais au densimètre, faits sur des portions prises au milieu, m'ont toujours donné la même densité avant et après les expériences.

La lame de zinc, comme celle de charbon, avait 16 centimètres de long, dont 12 seulement plongés. Le zinc était soutenu au milieu par une pince portée par un support fixe; le charbon était soutenu par sa pince en cuivre posée sur le bord du vase, de manière que les deux faces du charbon baignaient bien librement.

L'intervalle des deux lames était d'environ 20 à 25 millimètres.

12. Dans de nombreuses expériences antérieures, j'ai constaté qu'il se formait, sur la partie du charbon voisine de la pince en cuivre le réunissant au conducteur positif, un dépôt de cuivre plus ou moins abondant. Ce cuivrage tendait à remplacer la surface charbon par une surface cuivre, et rapprochait l'élément étudié d'un couple de Volta : il diminuait certainement la force électromotrice. Je l'ai entièrement empêché en préservant le charbon de tout contact avec la pince en cuivre, à l'aide d'une lame de platine entourant les deux faces de la partie supérieure, et serrée directement par la pince, qu'elle déborde en bas et de côté. Cette monture de platine a toujours été ajoutée au charbon, dans toutes mes expériences.

J'ai employé des charbons de deux modèles, tous deux de même longueur (16 centimètres), de même épaisseur ($0^{cm},5$); mais les uns avaient la largeur de 4 centimètres (modèle du commerce), les autres, sciés par le milieu selon leur longueur, n'avaient plus qu'une largeur de 2 centimètres. Si nous appelons S (pour le petit modèle) la surface principale baignée, s chacune des surfaces latérales, et s' la surface inférieure, on voit que $2s$, restant le même pour les deux modèles, le rapport des surfaces baignées est $\frac{2S + 2s + 2s'}{S + 2s + s'}$, c'est-à-dire à peu près 2. J'indiquerai plus loin l'effet de ce doublement.

Enfin, pour savoir quelle pouvait être l'action d'un vase

poreux, j'ai interposé un de ces vases entre le zinc et le charbon, avec le même liquide en dedans et en dehors. Je n'ai pas constaté d'effet très sensible; peut-être en eût-il été autrement si mon vase poreux s'était trouvé d'un grain plus serré. Je me propose donc de reprendre cette question.

13. *Phénomènes généraux.* — Quelles que fussent les dispositions adoptées parmi celles que je viens de rappeler, j'ai toujours observé les phénomènes suivants :

Au début, quand l'intensité est maxima, on ne voit aucun dégagement de gaz sur le charbon; peu à peu, à mesure que l'intensité diminue, on voit des bulles se détacher du charbon; enfin l'intensité atteint une valeur minima qu'elle conserve: alors le dégagement de gaz paraît constant. Il semble donc que le charbon absorbe d'abord tout l'hydrogène libéré par le courant, et c'est cette absorption qui produit la polarisation, car elle remplace la surface charbon par une surface plus ou moins formée d'hydrogène attaquable, causant une force électromotrice inverse de la principale. Puis ce charbon finit graduellement par se saturer, et le gaz libéré se dégage alors tout entier sans s'arrêter sur le charbon.

La valeur minima de l'intensité, qui semble définitive, est atteinte au bout d'un temps assez court (35 à 45 minutes) pour les lames étroites, deux heures au moins pour les lames larges.

14. La lame de zinc, retirée et examinée peu de temps après que l'intensité définitive est atteinte, paraît à peine rongée; elle est restée presque aussi lisse qu'au début; et, si on la pèse, après l'avoir pesée préalablement avant l'expérience, on constate que le poids dissous est à peine supérieur à la dépense théorique. On a pu d'ailleurs remarquer pendant l'action qu'il se dégageait très peu de gaz autour du zinc.

Mais, dans plusieurs expériences, j'ai laissé la pile fonctionner beaucoup plus longtemps, deux ou trois jours par exemple. Alors j'ai vu l'intensité, au lieu de rester stationnaire, recommencer à décroître, mais très lentement. La diminution totale après trois jours était seulement d'un quart (le déplacement étant réduit de 12 millimètres à 9 millimètres par exemple). Cette diminution devient de plus en plus sensible quand l'expérience se prolonge.

J'ai donc cru pouvoir négliger cette action pendant la période du décroissement rapide terminée par le minimum qui semblait définitif. Le décroissement rapide du début semble causé par la polarisation du charbon. Le décroissement très lent qui suit me paraît attribuable à l'altération du zinc amalgamé. En effet, le dégagement gazeux, d'abord si faible autour du zinc, devient, pendant le décroissement lent de l'intensité, de plus en plus intense, avec dégagement de chaleur. La lame de zinc, regardée après deux ou trois jours, se montre criblée de trous, souvent percée ou coupée. Il est probable que les bulles de gaz qui adhèrent quelque temps au zinc, avant de se dégager, agissent de deux façons : 1° elles augmentent la résistance, ce qui élève la température et active l'action de l'acide sur le zinc, en dehors de l'effet du courant ; 2° en préservant passagèrement certains points de la surface, elles concentrent pour ainsi dire l'action chimique sur les autres : ces dernières se creusent et mettent en contact avec l'acide des couches intérieures moins bien amalgamées que les couches superficielles. Aussi la lame, pesée après ce temps, accuse une perte de beaucoup supérieure à la dépense théorique.

Dans les considérations qui suivent je n'ai interprété mathématiquement que les phénomènes constatés pendant le décroissement rapide du début.

15. *Établissement des relations fondamentales.* — On peut faire un grand nombre d'hypothèses pour interpréter ces phénomènes. Je ne crois pas utile de rappeler toutes celles que j'ai faites et contrôlées, dont les conséquences mathématiques ne m'ont pas semblé concorder suffisamment avec les résultats expérimentaux.

Voici celles que j'ai conservées comme les plus satisfaisantes.

On sait qu'un courant d'intensité égale à un ampère libère :

En une seconde : $0^{gr},000\ 010\ 35$ d'hydrogène.

En une minute : $0^{gr},000\ 621$ d°

En une heure : $0^{gr},037\ 26$ d°

Nous appellerons a le poids d'hydrogène libéré par un courant d'un ampère pendant la durée qu'on aura choisie comme unité de temps.

Un courant constant d'intensité i ampères libérera ai grammes d'hydrogène pendant cette unité de temps. Considérons une durée dt assez courte pour qu'on puisse admettre l'intensité constante pendant cette durée : le poids d'hydrogène libéré pendant ce temps sera $ai\,dt$.

Cette quantité d'hydrogène peut être partagée en trois portions :

1° Celle qui s'ajoute à la masse d'hydrogène h déjà fixée par le charbon, et *active*, c'est-à-dire contribuant à diminuer l'intensité ; nous l'appellerons dh.

2° Une seconde portion qui, tout en se condensant dans le charbon, n'a pas d'action sur l'intensité.

En effet, la force électromotrice dépend seulement de la nature des surfaces et non des parties profondes : la résistance ne dépend que des corps interposés dans le circuit et des couches superficielles des lames.

On peut considérer cet accroissement d'hydrogène inactif comme proportionnel à dh et à un facteur tel que, le charbon une fois saturé, quand h aura atteint la limite supérieure H, ce facteur deviendra nul et annulera la quantité en question. Nous représenterons cette seconde portion par

$$f(H - h)\,dh,$$

f désignant un facteur caractéristique de la lame de charbon. On sait, en effet, que ces lames ne peuvent être identiques.

3° La troisième portion est celle qui se dégage. On peut la considérer comme repoussée par l'hydrogène actif h, étant électrisée de même sens que lui. Admettons-la proportionnelle à h et aussi à la quantité totale $ai\,dt$ amenée par le courant, et enfin à un facteur caractéristique b. Sa valeur sera donc

$$b\,ai\,dt.$$

En réunissant ces trois portions, on a

$$ai\,dt = dh + f(\mathrm{H} - h)\,dh + b\,ai\,dt,$$

qu'on peut écrire

$$\frac{dh}{dt} + f\mathrm{H}\left(1 - \frac{h}{\mathrm{H}}\right)\frac{dh}{dt} = ai\,(1 - bh).$$

Remarquons qu'à l'état de saturation, quand $h = \mathrm{H}$ et $dh = 0$, le premier membre est nul. Le second doit donc l'être aussi; or, i peut n'être pas nul alors; il faut donc $1 - b\mathrm{H} = 0$, d'où

$$b = \frac{1}{\mathrm{H}}.$$

Pour que cette relation ne renferme plus que h et sa dérivée $\frac{dh}{dt}$, il suffit d'exprimer i en fonction de h.

16. *Expression de i en fonction de h.* — La loi d'Ohm donne $i = \frac{\mathrm{E}}{\mathrm{R}}$. Or, E diminue à mesure que h augmente; admettant que cette diminution est proportionnelle à h, on aura

$$\mathrm{E} = \mathrm{E}_0 - \eta h,$$

E_0 désignant la force électromotrice initiale et η la diminution de force électromotrice que produirait la fixation d'un poids d'hydrogène actif égal à l'unité.

De même, la résistance qui augmente, mais de très peu, avec h, sera représentée par

$$\mathrm{R} = \mathrm{R}_0 + \rho h,$$

R_0 désignant la résistance initiale et σ l'accroissement de résistance provoqué par la fixation du poids i d'hydrogène actif.

On aurait ainsi

$$i = \frac{E_0 - \eta h}{R_0 + \sigma h};$$

mais η et σ peuvent être utilement remplacés par des expressions plus nettement saisissables. A l'état de saturation, E prend une valeur définitive E' telle que

$$E' = E_0 - \eta H,$$

d'où on tire

$$\eta = \frac{E_0 - E'}{H}.$$

De même (R' étant la résistance à l'état de saturation), on a

$$\sigma = \frac{R' - R_0}{H}.$$

L'expression de i, après substitution à η et σ de leurs valeurs,

$$i = \frac{E_0 - (E_0 - E')\frac{h}{H}}{R_0 + (R' - R_0)\frac{h}{H}}.$$

Si nous posons, pour abréger,

$$\frac{E_0 - E'}{E_0} = \varepsilon,$$

$$\frac{R' - R_0}{R_0} = \rho;$$

et si nous remarquons que $\frac{E_0}{R_0}$ n'est autre chose que l'intensité initiale i_0, nous aurons

$$i = i_0 \frac{1 - \varepsilon\frac{h}{H}}{1 + \rho\frac{h}{H}}.$$

C'est cette valeur de i qu'on porte dans l'équation différentielle, laquelle devient, en divisant tout par H,

$$(1) \qquad \frac{\frac{dh}{dt}}{H} + fH\left(1-\frac{h}{H}\right)\frac{\frac{dh}{dt}}{H} = \frac{ai_0}{H}\,\frac{1-\varepsilon\frac{h}{H}}{1+\rho\frac{h}{H}}\left(1-\frac{h}{H}\right).$$

17. *Intégration.* — Profitons d'abord de ce que ρ est très petit pour remplacer le quotient $\dfrac{1-\varepsilon\frac{h}{H}}{1+\rho\frac{h}{H}}$ par la quantité plus simple $1-\zeta\frac{h}{H}$.

ζ est déterminé par la condition suivante : à l'état de saturation, quand $\frac{h}{H}=1$, on aura

$$1-\zeta=\frac{1-\varepsilon}{1+\rho},$$

d'où $\zeta=\frac{\varepsilon+\rho}{1+\rho}$ toujours < 1, puisque ε est < 1.

Plusieurs exemples, calculés numériquement, m'ont donné, entre les valeurs du quotient réel et celles de la quantité substituée, des écarts extrêmement faibles quand on fait varier $\frac{h}{H}$ de 0 à 1. Ainsi simplifiée, l'équation différentielle devient

$$\frac{dh}{dt} + fH\left(1-\frac{h}{H}\right)\frac{\frac{dh}{dt}}{H} = \frac{ai_0}{H}\left[1-(\zeta+1)\frac{h}{H}+\zeta\left(\frac{h}{H}\right)^2\right].$$

On supprime les constantes du second membre en posant $\frac{h}{H}=1-y$.

On a alors

$$-\frac{dy}{dt} - fHy\frac{dy}{dt} = \frac{ai_0}{H}\left[(1-\zeta)y+\zeta y^2\right],$$

laquelle, mise sous la forme

$$\frac{-\frac{\frac{dy}{dt}}{y^2}}{\left(\frac{1}{y}+\frac{\zeta}{1-\zeta}\right)} - \frac{fH(1-\zeta)}{\zeta}\,\frac{\frac{dy}{dt}}{\left(y+\frac{1-\zeta}{\zeta}\right)} = \frac{ai_0}{H}(1-\zeta),$$

s'intègre facilement et donne

$$L\left[\frac{1}{y}+\frac{\zeta}{1-\zeta}\right] - \frac{fH(1-\zeta)}{\zeta}\,L\left[y+\frac{1-\zeta}{\zeta}\right] = C + mt,$$

m désignant la quantité $\frac{ai_0}{H}(1-\zeta)$.

On transforme cette relation de la manière suivante :

$$\left[1 - fH\left(\frac{1}{\zeta}-1\right)\right] L\,[1-\zeta(1-y)] = C' + mt + Ly.$$

La constante C' est nulle, comme on peut le voir en faisant $t=0$, c'est-à-dire $\frac{h}{H}=0$ ou $y=1$.

Enfin, remontant des L. nep. aux nombres, on a

$$(2) \qquad 1-\frac{h}{H} = e^{-mt}\left(1-\zeta\frac{h}{H}\right)^{1-fH\left(\frac{1}{\zeta}-1\right)}.$$

Telle est, sauf l'erreur provenant de la substitution de $1-\zeta\frac{h}{H}$ au quotient $\frac{1-\varepsilon\frac{h}{H}}{1+\rho\frac{h}{H}}$, la relation finie liant $\frac{h}{H}$ au temps.

18. Pour la discuter, nous poserons

$$(3) \qquad 1 - fH\left(\frac{1}{\zeta}-1\right) = \lambda;$$

$\left(\frac{1}{\zeta}-1\right)$ est toujours positif, fH également : le signe de λ dépendra donc de la grandeur de $fH\left(\frac{1}{\zeta}-1\right)$, inférieure, égale ou supérieure à 1.

1er Cas. — $\lambda > 0$. On a aussi alors $\lambda < 1$.

Remplaçons approximativement $\left(1 - \zeta \frac{h}{H}\right)^\lambda$ par son développement réduit aux deux premiers termes

$$1 - \lambda\zeta \frac{h}{H},$$

en nous fondant sur ce que λ, ζ, $\frac{h}{H}$ étant tous trois des fractions, les termes suivants seront très petits.

On a ainsi

$$(4) \qquad h = \frac{1 - e^{-mt}}{1 - \lambda\zeta e^{-mt}},$$

et par suite, en portant dans l'expression de i cette valeur approchée de h, on trouve

$$i = i_0 \frac{1 - \zeta\lambda e^{-mt} - \varepsilon + \varepsilon e^{-mt}}{1 - \zeta\lambda e^{-mt} + \rho - \rho e^{-mt}}.$$

En groupant les termes semblables, en divisant par $1 + \rho$, et remarquant que $i_0 \frac{(1 - \varepsilon)}{1 + \rho}$ n'est autre chose que la valeur définitive (soit j) de l'intensité, nous aurons

$$(5) \qquad i = \frac{j + M i_0 e^{-mt}}{1 - N e^{-mt}}$$

en posant

$$\begin{cases} M = \dfrac{\lambda\zeta + \varepsilon}{1 + \rho}, \\ N = \dfrac{\lambda\zeta + \rho}{\rho}, \end{cases}$$

tous deux positifs.

2e Cas. — $\lambda = 0$. Cette condition, en supprimant les quantités $\lambda\zeta$, laisse à M et N les mêmes signes.

3e Cas. — $\lambda < 0$. On a alors

$$M = \frac{-\lambda\zeta + \varepsilon}{1 + \rho},$$

$$N = \frac{-\lambda\zeta' + \rho}{1 + \rho}.$$

Ils pourront tous deux être négatifs : il suffirait pour cela que $\lambda\zeta$ fût plus grand en valeur absolue que ε (il serait *a fortiori* supérieur à ρ que nous savons très petit).

Mais alors on aurait

$$i = i_0 \frac{1 - Me^{-mt}}{1 - Ne^{-nt}}$$

avec $M > N$. Alors i augmenterait avec le temps, ce qui est évidemment contraire à l'expérience.

On devra donc toujours avoir $M > 0$, c'est-à-dire $\varepsilon - \lambda\zeta > 0$. Mais N pourra être négatif ou positif, $\lambda\zeta$ étant compris entre 0 et ε, c'est donc une fraction plus petite que ε.

Ainsi l'intensité, dans ce troisième cas, s'exprimera par la fonction suivante :

$$i = \frac{j + Mi_0 e^{-mt}}{1 + Ne^{-nt}}, \tag{6}$$

N étant $<$ M et pouvant être négatif.

19. *Calcul des paramètres géométriques* M, N, m. — J'appelle ces paramètres *géométriques,* parce que, une fois connus, ils permettront de construire la courbe des intensités calculées à l'aide de la formule.

Voici comment on les déduira de deux valeurs de i données par l'observation, en admettant j et i_0 connues aussi par l'observation.

Considérons trois époques équidistantes 0, τ, 2τ; elles donnent, avec la formule (6), les trois relations

$$(\alpha) \qquad i_0 - j = Mi_0 - Ni_0 \quad \text{pour } t = 0,$$

$$(\beta) \qquad (i_\tau - j)\, e^{m\tau} = Mi_0 - Ni_\tau \quad \text{pour } t = \tau,$$

$$(\gamma) \qquad (i_{2\tau} - j)\, e^{2m\tau} = Mi_0 - Ni_{2\tau} \quad \text{pour } t = 2\tau.$$

Par soustraction, on élimine Mi_0 et on obtient

$$(\delta) \qquad (i_0 - j) - (i_\tau - j)\, e^{+m\tau} = N(i_0 - i_\tau),$$

$$(\varepsilon) \qquad (i_0 - j) - (i_{2\tau} - j)\, e^{+2m\tau} = N(i_0 - i_{2\tau}).$$

Par division, on élimine N, ce qui donne

$$(\zeta) \qquad \frac{(i_0 - j) - (i_\tau - j)\, e^{m\tau}}{(i_0 - j) - (i_{2\tau} - j)\, e^{2m\tau}} = \frac{i_0 - i_\tau}{i_0 - i_{2\tau}},$$

ou

$$e^{2m\tau}(i_{2\tau} - j)(i_0 - i_\tau) + e^{m\tau}(i_\tau - j)(i_0 - i_{2\tau}) - (i_0 - j)(i_\tau - i_{2\tau}) = 0.$$

Cette dernière équation, qui est du second degré, admet deux racines; mais la forme (ζ) montre bien qu'une des racines est $e^{m\tau} = 1$. Elle n'est pas acceptable. L'autre, seule acceptable, est

$$e^{m\tau} = \frac{(i_0 - j)(i_\tau - i_{2\tau})}{(i_{2\tau} - j)(i_0 - i_\tau)}.$$

On aura ensuite, d'après (δ),

$$-\mathrm{N} = \frac{i_0 - j - (i_\tau - j)\, e^{m\tau}}{i_0 - i_\tau}.$$

Enfin, par (α) on aura

$$\mathrm{M} = \frac{i_0 - j - \mathrm{N} i_0}{i_0}.$$

20. *Calcul des paramètres physiques* ε, ρ, λ. — Mais ces paramètres géométriques M, N, m ne servent pas seulement à construire la courbe des intensités; ils peuvent encore donner les paramètres physiques.

On a en effet les relations notées plus haut :

$$j = \frac{1 - \varepsilon}{1 + \rho},$$

$$\mathrm{M} = \frac{\pm \lambda \zeta + \varepsilon}{1 + \rho},$$

$$-\mathrm{N} = \frac{\pm \lambda \zeta + \rho}{1 + \rho}.$$

Ces trois relations se réduisent à deux, car leur combinaison donne $i_0 = \frac{j + \mathrm{M} i_0}{1 + \mathrm{N}}$, qui représente seulement l'état initial. Avec les deux dernières seules on aura seulement deux des trois quantités ε, ρ, λ. On préférera en tirer ρ et λ. En effet, la courbe des forces électromotrices calculées avec les $i_R\, i_{R'}$ est toujours très régulière; il est donc plausible d'occuper les valeurs E_0 et E', qui donneront ε directement. Au contraire, la courbe des résistances calculées avec les $i_R\, i_{R'}$ est souvent irrégulière. Ces irrégularités s'expliquent par le dégagement pour ainsi dire intermittent du gaz, qui fait varier brusquement la résistance intérieure r. Il y aura donc lieu d'emprunter à M et N la valeur de ρ comme celle de $\lambda\zeta$.

On aura

$$\rho = \frac{e - (M + N)}{i + M + N}$$

et

$$\lambda\zeta = M(1 + \rho) - e.$$

Or, on se rappelle que $\zeta = \frac{\varepsilon + \rho}{1 + \rho}$. Il sera donc facile de calculer λ et par suite fH. D'autre part, l'exposant $m = \frac{a i_0}{H}(1 - \zeta)$ aura été déduit de la valeur de $e^{m\tau} = u$ calculée plus haut.

$$m = \frac{Lu}{\tau L e}.$$

Il donnera H et par suite f.

21. J'ai essayé de mesurer expérimentalement H, en recueillant le gaz restitué par la lame de charbon placée dans le vide; mais, d'une part, j'ai vu le dégagement se prolonger très longtemps; d'autre part, j'ai pensé que le gaz ainsi dégagé n'était pas seulement l'hydrogène actif, mais, en plus, l'hydrogène inactif et surtout de l'air condensé préalablement par le charbon. J'ai donc renoncé à prolonger une opération fastidieuse, ne pouvant donner que des résultats incertains. Je me propose de revenir sur cette mesure expérimentale de la quantité d'hydrogène saturant la lame de charbon.

22. *Résultats numériques comparés aux résultats expé-*

rimentaux. — J'ai appliqué les formules précédentes à plusieurs exemples. Je ne crois pas nécessaire de citer les nombres obtenus. Je signalerai seulement qu'en dehors des valeurs de i prises comme déterminants de M, N et m, et qui étaient nécessairement concordantes, j'ai toujours trouvé, soit la concordance complète, soit des écarts assez petits pour qu'on pût les attribuer à de faibles erreurs de lecture ou surtout aux inexactitudes provenant de ce que nos formules ne sont après tout qu'approchées plus ou moins des relations véritables.

23. *Résultats de la comparaison des diverses expériences.* — J'ai constaté, par la simple comparaison des courbes, même sans calculer leurs paramètres, que, dans les cas où la surface du charbon était double, la force électromotrice ne change pas, la résistance change à peine, mais on voit grandir beaucoup le temps nécessaire pour réaliser la saturation. Ceci est conforme à nos formules. Si H est double, $\frac{a i_0}{\mathrm{H}}(1-\zeta)$ se trouve réduit à la moitié, et par suite e^{-mt} réduit à sa racine carrée, ce qui réduit considérablement la vitesse du décroissement. La valeur finale de l'intensité j n'était pas toujours la même, mais variait peu, correspondant à un déplacement de l'image de 12 millimètres environ pour 80 millimètres environ au début.

24. J'ai remarqué encore, dans plusieurs cas, que deux expériences ayant été faites à vingt-quatre heures de distance, la seconde donnait toujours une force électromotrice initiale sensiblement moindre. Il est certain qu'en effet la lame employée le second jour était encore plus ou moins imprégnée d'hydrogène : elle était polarisée d'avance, au moins partiellement. Peut-être cette remarque donnerait-elle un moyen de mesurer la quantité H d'hydrogène qui sature le charbon ; je me propose de continuer des recherches dans ce sens.

J'ai du moins constaté, et cela un grand nombre de fois, qu'il faut plusieurs jours d'exposition à l'air pour que le charbon employé, bien lavé et employé de nouveau comme pôle positif, donne la même force électromotrice initiale.

Aussi, pour débarrasser le charbon de l'hydrogène condensé, j'ai essayé d'employer l'acide azotique plus ou moins étendu. Au moment de l'immersion se manifeste un abondant dégagement gazeux : c'est probablement du bioxyde avec du protoxyde d'azote et de l'azote. Ce dégagement s'affaiblit et dure très longtemps, mais il n'est pas facile de saisir le moment précis où tout l'hydrogène est brûlé. Si peu que la lame reste imprégnée d'acide, malgré les lavages renouvelés, c'est à peu près comme si elle était dépolarisée par avance, comme le charbon dans une pile de Bunsen. En effet, employée dans cet état dans un couple ordinaire, elle donne une force électromotrice plus grande. Il y a donc erreur possible; j'ai renoncé à ce moyen.

J'ai encore essayé d'utiliser les actions secondaires en formant une pile à gaz avec le charbon saturé d'hydrogène et un autre charbon saturé d'oxygène pour avoir servi d'électrode positive dans un voltamètre. Le courant, intense d'abord, diminue et s'annule; mais alors on est seulement certain que celui des deux gaz qui n'était pas en excès est saturé. Il peut en rester dans une des deux lames. Il y a donc encore incertitude.

Je me suis donc contenté, pour ramener les charbons à l'état normal, de les bien laver, de les laisser longtemps dans l'eau, puis à l'air. Encore peut-on craindre que l'air dont ils se pénètrent en séchant ne joue, par son oxygène, le rôle de dépolarisant. En tout cas, cette action dure peu, car l'air se condense en bien moindre quantité et dans des circonstances moins favorables que l'hydrogène. Peut-être est-ce à cette petite quantité d'air dépolarisant qu'il faut attribuer les inégalités d'intensité initiale que j'ai constatées souvent pour un même charbon employé dans des circonstances aussi identiques que possible.

CHAPITRE III

Piles avec dépolarisant.

25. De toutes les piles de cette nature, celle qui m'a paru la plus intéressante à étudier, c'est la *pile de Poggendorff au bichromate de potasse avec vase poreux*. C'est en somme une pile de Bunsen dont l'acide azotique, désagréable et vite appauvri, est remplacé par une dissolution de bichromate additionnée d'acide sulfurique, et pouvant être entretenue à l'aide de cristaux placés dans un entonnoir plongeant près du charbon, dans le liquide dépolarisant.

Ce liquide, dans mes expériences, était toujours composé ainsi : *trois volumes* de dissolution de bichromate saturée, préparée d'avance, avec *un volume* d'acide sulfurique ; je n'ai pas toujours ajouté la réserve de cristaux.

Le liquide entourant le zinc était composé d'une façon analogue : trois volumes d'eau avec un volume d'acide sulfurique. J'ai choisi le même rapport $\frac{3}{1}$ pour éviter autant que possible les phénomènes d'osmose qui se produiraient, en dehors de l'action du courant, avec d'autant plus d'intensité que les liquides seraient plus différents. J'ai toujours renouvelé ce liquide entourant le zinc à l'aide d'un flacon de Mariotte et d'un trop-plein, pour éliminer le sulfate de zinc. J'employais toujours des lames de zinc de même modèle qu'au chapitre II, et je n'ai jamais, dans cette nouvelle série d'expériences, employé que des charbons larges de 4 centimètres (modèle du commerce). Dans plusieurs cas, j'ai aussi renouvelé d'une manière continue le liquide chromique, à l'aide d'un flacon de Mariotte à siphon effilé, et d'un trop-plein qui, plongeant au fond du liquide, se terminait en dehors par un bec effilé un peu plus bas que le niveau à maintenir.

Ce renouvellement m'a permis d'employer un couple de petites dimensions, contenant dans le vase poreux, avec le zinc, 140 centimètres cubes environ d'acide sulfurique au quart, et hors de ce vase, 250 centimètres cubes environ de liquide chromique. J'ai préféré placer ce liquide à l'extérieur pour mieux suivre, les parois du vase principal étant en verre, les modifications qu'il éprouve.

La petitesse des masses mises en expérience m'a semblé une condition favorable, dans le cas du renouvellement, pour qu'il fût plus vite effectué, et dans le cas de non-renouvellement, pour mieux saisir les conséquences de ce changement.

26. *Phénomènes généraux.* — Voici les phénomènes que j'ai, dans toutes les expériences de cette série, vus se reproduire.

Au début, le dégagement de gaz près du zinc est à peine sensible; puis il augmente, et après deux heures environ semble constant, bien régulier, ne rappelant jamais la violence qu'il manifeste pendant la période finale des piles non dépolarisées. De plus, la lame de zinc, pesée après plusieurs heures ou même quelques jours d'action, accuse une perte à peine supérieure d'un tiers (quelquefois d'une moitié) à la dépense théorique.

On la trouve uniformément et régulièrement attaquée, s'effilant pour ainsi dire de tous les côtés, au lieu d'être violemment et irrégulièrement rongée comme dans les piles sans dépolarisant. Ces circonstances confirment les considérations exposées à ce sujet dans le chapitre II.

27. Quant aux modifications éprouvées par le liquide chromique, elles sont très faciles à suivre. En effet, ce liquide est d'abord d'un beau rouge presque vermillon. Par l'action réductrice de l'hydrogène libéré, il se forme de l'alun de chrome, conformément à la réaction ainsi formulée :

$$KOCr^2O^6 + 4SO^3HO + 3H = Cr^2O^3.3SO^3,KOSO^3 + 7HO.$$

Cette réaction ne met en évidence que les états extrêmes : en effet, quand on abandonne à lui-même le liquide chromique employé pendant quelques heures et devenu brun, il dépose des cristaux volumineux bruns, très différents des cristaux rouges d'acide chromique ou des cristaux violets d'alun de chrome.

Quoi qu'il en soit, on peut ainsi résumer ce qui se passe. La dissolution d'alun de chrome est par elle-même d'un beau vert; se mêlant au liquide rouge initial, elle produit une coloration passant au brun, puis au noir, puis au vert quand le liquide chromique est totalement transformé. Ainsi, dès le début, le changement de couleur révèle l'action progressive de l'hydrogène.

On voit le liquide brunir d'abord autour du charbon, à une distance d'un ou deux millimètres. Puis, la dissolution d'alun de chrome qui se forme étant un peu plus dense que le liquide rouge, elle descend le long du charbon, formant comme une gaine autour de lui. Notons déjà que cette gaine de liquide appauvri interposée entre le charbon et le liquide dépolarisant pur empêchera la dépolarisation d'être complète.

Ce liquide brun, à mesure qu'il descend, est lentement remplacé en haut par du liquide neuf. En bas il s'étale sous forme de couche horizontale. Si ce liquide brun et appauvri n'est pas, au fur et à mesure, emmené par le trop-plein, c'est-à-dire s'il y a pas renouvellement du liquide chromique, la couche foncée s'élève et noircit de plus en plus, et finit par occuper le volume entier, qu'on voit noircir puis verdir. — S'il y a renouvellement, cette couche, à peine formée, est poussée et emmenée dans le trop-plein, qui la rejette goutte à goutte au dehors. Encore faut-il que le renouvellement soit assez rapide, et même dans ce cas, la gaine signalée se forme toujours et diminue le pouvoir dépolarisant.

On pourrait être tenté d'empêcher ou d'atténuer la formation de cette gaine en agitant le liquide. Mais cette agitation devrait être très régulière; de plus, comme elle distribuerait dans tout le liquide chromique l'alun de chrome formé, l'appauvrissement de ce liquide n'en aurait pas moins lieu, mais avec un autre régime. Du reste, une portion du liquide, qui dès le début aurait imprégné le charbon, échapperait ensuite au mélange, et continuerait à faire sentir son action sur la surface. J'ai donc préféré laisser les phénomènes se produire spontanément, sans intervenir, une fois la pile mise en action. Je pouvais d'ailleurs les suivre beaucoup mieux dans les circonstances rappelées ci-dessus.

28. L'adhérence de la dissolution d'alun de chrome dans le charbon est prouvée par les faits suivants :

1° Quand on retire le charbon de la pile après quelques heures et surtout quelques jours d'action, si on le lave, même très largement, et si on l'abandonne à l'air où il semble se sécher, il se couvre bientôt de cristaux violets d'alun de chrome très nets, provenant du liquide fixé à l'intérieur, et qui peu à peu exsude à la surface et abandonne ces cristaux en s'évaporant en partie.

2° Quand, au lieu de quelques lavages suivis immédiatement de l'exposition à l'air, on plonge dans l'eau le charbon retiré de la pile, il verdit énergiquement cette eau. Si on la remplace à plusieurs reprises pendant un ou deux jours, chaque nouvelle provision verdit, mais de moins en moins fort.

Aussi, pour ramener les charbons employés à leur état normal, je les lavais d'abord à grande eau, puis je les laissais séjourner pendant un jour ou deux dans un grand vase plein d'eau; je les y laissais jusqu'à ce que la coloration verte n'apparût plus après plusieurs heures d'immersion. Ainsi l'alun de chrome, quoique adhérant énergiquement, persiste moins longtemps que l'hydrogène dans les couples sans dépolarisant; de plus, son action, qui semble uniquement celle d'un corps mécaniquement interposé, est à coup sûr beaucoup moins intense pour gêner la dépolarisation.

29. *Résistances.* — Les résistances, calculées par la méthode des lectures simultanées exposée plus haut, ont toujours très peu varié dans les expériences de cette série. De plus, les écarts se trouvant souvent de signe contraire, on peut considérer la résistance intérieure comme constante et égale à la moyenne des valeurs calculées.

30. *Variations de l'intensité.* — Dans tous les cas, avec les piles à dépolarisant étudiées dans ce travail, j'ai vu l'intensité diminuer au début, mais en somme d'une fraction très faible, environ un dixième, et atteindre très vite un certain minimum ou un décroissement lent. C'est ici que se manifestent les effets du renouvellement.

1er Cas. — Le liquide dépolarisant n'est pas renouvelé, et il n'y a aucune réserve de cristaux. Dans toutes les expériences faites dans ces conditions, l'intensité, une fois arrivée au minimum précédemment indiqué, *se relève légèrement,* atteint un maximum inférieur à l'intensité initiale, puis décroît ensuite très lentement. Ainsi, même sans renouvellement d'aucune sorte, la petite quantité de liquide versée au début conserve longtemps un pouvoir dépolarisant notable.

La courbe A ci-jointe, tracée d'après une de nos expériences de ce genre (les autres étaient absolument semblables, aux nombres près, très peu différents), montre bien la marche de l'intensité. Sur la courbe sont marqués les déplacements δ; au-dessous, quelques intensités exprimées en ohms.

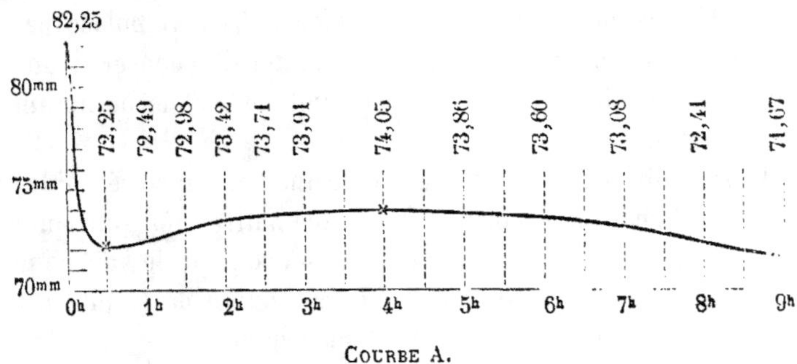

Courbe A.

$i_0 = 0^a,592$; $i_{0.30} = 0^a,519$; $i_4 = 0^a,533$; $i_9 = 0^a,515$.

31. *2me Cas. — Le liquide chromique n'est pas renouvelé, mais une réserve de cristaux placée dans un entonnoir plongeant dans la partie supérieure de ce liquide entretient le bichromate.* L'intensité, dans toutes les expériences réalisant ce second cas, a suivi une marche analogue, mais avec des variations moins grandes : le minimum de début est moins éloigné de l'intensité initiale. — Le maximum est plus voisin du minimum, comme valeur; enfin le décroissement final est plus lent. C'est une transition au cas suivant.

32. *3me Cas. — Le liquide chromique est renouvelé d'une manière continue, plus ou moins rapidement.* La vitesse de renouvellement réglée par le niveau du bec du siphon qui verse le liquide du flacon de Mariotte était mesurée par le volume de liquide que le trop-plein emmenait pendant une heure. Quelle que fût cette vitesse, l'intensité a toujours suivi la marche représentée par la courbe B ci-jointe.

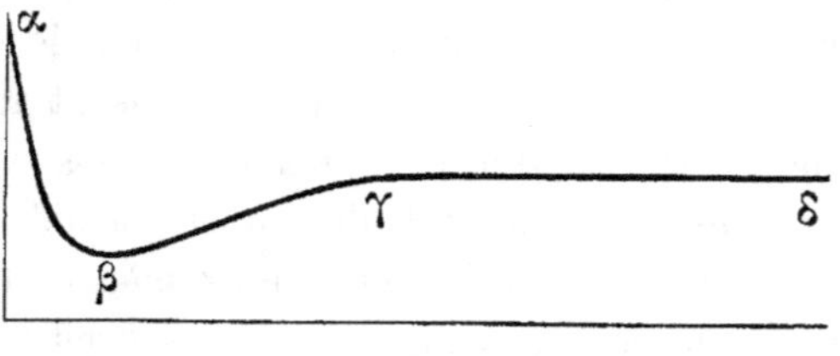

Courbe B.

Le décroissement final du cas précédent est remplacé par un état constant $\gamma\delta$ pendant lequel l'intensité conserve une valeur intermédiaire entre l'intensité initiale α et le minimum provisoire β.

Ainsi la disposition du 3e cas donne une constance véritable; celle du 2e cas, une constance approximative très suffisante dans beaucoup de cas pratiques. Nous avons pu le voir pour des sonneries électriques où d'ailleurs l'action de la pile est seulement intermittente et souvent suspendue.

L'accroissement de vitesse de renouvellement, à partir d'une certaine valeur (80 centimètres cubes par heure dans nos expériences), n'a plus d'effet accusé. En deçà de cette limite, elle a pour effet d'amener un peu plus tôt l'intensité définitive en la rendant un peu plus grande.

33. *Interprétations mathématiques.* — Tous les phénomènes précédents s'expliquent facilement par des hypothèses, des considérations et des opérations plus simples que celles du chapitre II.

D'abord, pour établir la valeur de dh, on peut admettre que le dépolarisant, possédant au début son maximum de puissance, ne permet ni la condensation d'hydrogène inactif, ni le dégagement d'une partie de ce gaz.

Il y a donc lieu, au moins approximativement, de supprimer les termes $fH\left(1-\frac{h}{H}\right)\frac{dh}{dt}$ et bai. (Voir le § 15 du chapitre II.)

En revanche, il faut introduire un terme représentant *le poids d'hydrogène que brûle pendant l'unité de temps le dépolarisant*. Nous désignerons ce poids par φ et nous l'appellerons le *pouvoir dépolarisant* du liquide.

Comme il doit se retrancher du poids d'hydrogène libéré, on aura

$$\frac{dh}{dt} = ai - \varphi. \tag{1}$$

Une seconde simplification se présente; nous avons vu (§ 29) que la résistance, dans les expériences de cette série, pouvait être considérée comme constante. On aura donc (le terme σ disparaissant)

$$i = \frac{E_0 - \eta h}{R_0},$$

ou

$$i = i_0 - \frac{\eta}{R_0} h,$$

d'où l'on tire

$$\frac{dh}{dt} = -\frac{R_0}{\eta}\frac{di}{dt},$$

ce qui donne à l'équation (1) la forme

$$-\frac{R_0}{r_1}\frac{di}{dt}=ai-\varphi.$$

34. Ici, il y a lieu d'examiner différents cas.

On ne peut, par hypothèse, admettre $\varphi=0$; mais φ peut être constant ou variable.

1er Cas. — φ constant. On voit d'abord que si le pouvoir dépolarisant était, dès le début, et se maintenait égal à ai_0, la pile serait, dès le début, constante. Ce serait l'idéal. Mais nous avons expliqué pourquoi, dans les exemples étudiés, ce cas n'avait pu se réaliser; mais on peut chercher des combinaisons s'en rapprochant beaucoup.

On voit aussi que si ai est faible, il suffira, pour amener $\frac{di}{dt}=0$, c'est-à-dire la constance, d'une valeur de φ relativement petite. Ainsi les piles de Daniell et de Leclanché, moins intenses, deviennent plus facilement et plus vite constantes que les piles plus fortes de Bunsen et de Poggendorff. L'avantage de la pile de Daniell consiste surtout en ce qu'il ne se décompose de sulfate de cuivre qu'en proportion même de l'intensité, et que cette perte est, à mesure, compensée par une dissolution de nouveau sel en quantité suffisante.

L'intégration de l'équation différentielle (avec φ constant) conduit à une relation de la forme

$$i=M+Ne^{-nt}. \tag{2}$$

Représentée par une courbe analogue à celle-ci :

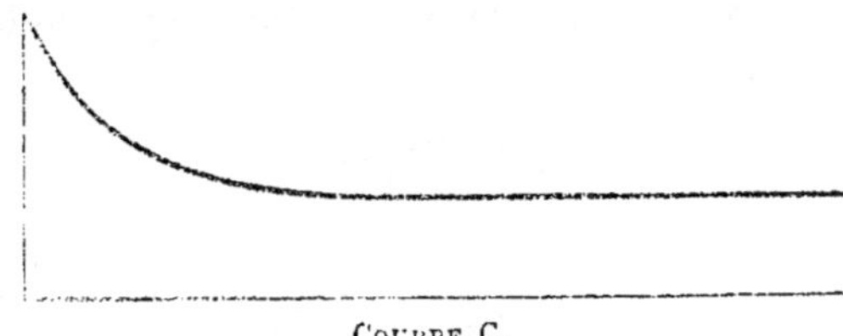

Courbe C.

elle ressemble, au moins par son aspect général, aux courbes qui représentent l'intensité dans les piles sans dépolarisant. L'intensité décroit d'abord (ici du moins) comme les termes d'une progression géométrique, le temps croissant en progression arithmétique; puis, le terme e^{-mt} devenant négligeable, elle conserve une valeur $j = \frac{\varphi}{a}$.

35. *2e Cas.* — *φ variable.* Il faut alors ajouter une seconde équation différentielle représentant le mode de décroissement de φ.

Remarquons d'abord que, pendant le temps dt, le pouvoir dépolarisant s'affaiblit d'une quantité $-d\varphi$ proportionnelle à l'intensité du courant. On a donc, si aucune compensation n'a lieu,

$$(3) \qquad -\frac{d\varphi}{dt} = \mathrm{B}i,$$

B étant une constante caractéristique du liquide. Les deux équations différentielles simultanées (1) et (3) donnent lieu à l'équation différentielle du second ordre

$$\frac{\mathrm{R}_0}{r_1}\frac{d^2 i}{dt^2} - \mathrm{A}\frac{di}{dt} - \mathrm{B}i = 0,$$

et à une intégrale de la forme

$$(4) \qquad i = \mathrm{M}e^{-mt} + \mathrm{N}e^{-nt}.$$

Cette fonction diffère de celle du 1er cas en ce que, même après l'évanouissement du terme le plus rapidement décroissant (soit $\mathrm{N}e^{-nt}$), elle continue à décroître, mais plus lentement.

Dans la réalité, la perte $-d\varphi$ est compensée plus ou moins complètement par le *renouvellement intérieur* signalé au § 25.

Soit $v\,dt$ la quantité d'hydrogène que peut brûler, pendant le temps dt, le liquide neuf qui remplace le liquide appauvri. On a

$$(3') \qquad -\frac{d\varphi}{dt} = \mathrm{B}i - v,$$

cette troisième équation devant être combinée avec (1) et (3).

36. *3e Cas.* — Supposons d'abord v constant.

Si v était, au début, égal à $\mathrm{B}i_0$, il y aurait constance parfaite, et l'on retomberait dans le 1er cas.

Si v est inférieur à Bi, il y aura d'abord décroissement, puis équilibre. L'intensité sera représentée par

$$i = L + Me^{-mt} + Ne^{-nt},$$

avec deux cas possibles.

Si on a M positif, il y a décroissement continu, avec dérivée toujours négative, sans maximum ni minimum, comme au 1er et au 2e cas.

Si on a M négatif, on a :

$$i = L - Me^{-mt} + Ne^{-nt}.$$

Quand le terme Ne^{-nt}, le plus rapidement décroissant, s'est évanoui, on a :

$$i = L - Me^{-mt},$$

dont la dérivée $+ mMe^{-mt}$ est positive. Il y a relèvement de l'intensité après un minimum correspondant à

$$mMe^{-m\tau} = nNe^{-n\tau};$$

enfin, $- Me^{-mt}$ s'évanouissant à son tour, l'intensité atteint une valeur maxima L, qu'elle conserve.

La forme de la courbe représentative

est précisément celle que nous ont donnée les expériences du § 32 (avec renouvellement du liquide chromique) [courbe B].

37. 4e *Cas.* — Soit v variable, par exemple parce que le liquide dépolarisant n'est pas extérieurement renouvelé. La substitution intérieure de liquide neuf au liquide appauvri se fait de plus en plus difficilement. Aux équations différentielles antérieures

$$(1) \qquad - \frac{R}{\eta} \frac{di}{dt} = ai - \varphi,$$

(3′) $$-\frac{d\varphi}{dt} = Bi - v,$$

il faudra ajouter une troisième équation représentant le décroissement de v.

Il est évident que ce décroissement est d'autant plus rapide que l'intensité est plus grande et appauvrit plus vite le liquide. On aura donc

(5) $$-\frac{dv}{dt} = \gamma i.$$

$\frac{d\varphi}{dt}$ étant emprunté à (1) et porté dans (3), $-\frac{dv}{dt}$ emprunté à (3) ainsi modifié, et porté dans (5), on obtient une équation différentielle du troisième ordre, conduisant à une intégrale de la forme

$$i = Le^{-lt} + Me^{-mt} + Ne^{-nt}.$$

Le calcul des paramètres géométriques L, M, N, l, m, n à l'aide des paramètres physiques, supposés connus, ne serait pas toujours possible; ils sont liés par une équation du troisième degré. Mais le calcul inverse est toujours possible, les paramètres géométriques étant fournis par les données de l'observation.

L, M, N tous positifs donneraient un décroissement continu sans maximum ni minimum.

L et N positifs, avec M négatif, donnent une expression

$$i = Le^{-lt} - Me^{-mt} + Ne^{-nt}.$$

Elle ressemble au 3e cas, sauf que l'état final constant est remplacé par un décroissement indéfini et très lent. C'est pré-

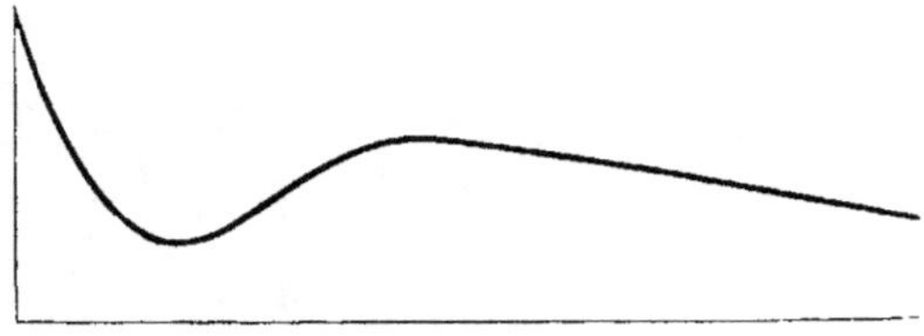

cisément la forme donnée par les expériences faites sans renouvellement extérieur (§ 30, courbe A).

38. Ainsi le calcul nous a, à son tour, donné tous les résultats qu'avait fournis l'expérience. Il nous en a même fait entrevoir de nouveaux, comme c'est l'ordinaire, et peut ainsi nous guider dans des recherches ultérieures.

Je ne crois pas utile de donner ici les détails relatifs au calcul des paramètres géométriques à l'aide des valeurs observées. Je renverrai pour ce sujet à ma thèse (Faculté de Paris, 1882), où ces calculs se rencontrent souvent et sont présentés avec tous les détails nécessaires.

Je ne crois pas non plus devoir citer des exemples numériques. J'en ai calculé un grand nombre; j'ai toujours trouvé une concordance presque complète entre le calcul et l'expérience, sauf peut-être pour la branche qui précède le minimum terminant le décroissement rapide (coup de fouet, comme on dit industriellement). Les écarts, en somme très petits, constatés dans cette période, peuvent s'expliquer soit par la variation plus rapide de l'intensité, qui peut rendre plus sensibles les erreurs d'expérience, soit par l'exactitude imparfaite des approximations admises dans l'établissement de nos formules.

Extrait des *Mémoires de la Société des Sciences physiques et naturelles de Bordeaux*, t. V (4e Série).

Bordeaux. — Imp. G. Gounouilhou, rue Guiraude, 11

www.ingramcontent.com/pod-product-compliance
Lightning Source LLC
LaVergne TN
LVHW012023160826
845678LV00002B/994
* 9 7 8 2 3 2 9 6 4 7 9 1 3 *